LA OSTEOPOROSIS

Autoras:

María Luisa Morillo Romero

Sara López Ramírez

Alba María Martínez Guerrero

Copyright ©

Primera edición, 2012

ISBN: 978-1-291-16248-6

Lulu.com

ÍNDICE:

RECUERDO ANATOMO-FISIOLOGICO

Nuestra postura y movimiento depende del funcionamiento adecuado del sistema musculo-esquelético. Dicho sistema está compuesto por: huesos, músculos, cartílagos, ligamentos, tendones, fascias y articulaciones. A continuación nos vamos a centrar en los primeros.

Los huesos están compuestos por células vivas y material no vivo, procedentes ambos del cartílago hialino. Ambos componentes, a través del proceso de osteogénesis, se convierten en hueso. La dureza de los huesos es el resultado de los depósitos de sales de calcio.

Las funciones de los huesos son:

- Función de sostén:
  Soportan todos los tejidos corporales y proporcionan la estructura esquelética al cuerpo.
- Función de protección:
  Protegiendo otros órganos, como las estructuras del cráneo y el tórax.
- Función de movimiento:
  En los huesos se encuentran insertados los músculos produciendo éstos la contracción y junto a los huesos el movimiento.
- Función reservorio:
  De depósito de sales minerales, es decir, de depósito de calcio.
- Función de hematopoyesis:
  Los huesos están llenos de médula formadora de células sanguíneas (médula roja). Cuando pasan 6 años esta médula se transforma en médula amarilla, la cual ya no es formadora de células.

La osteogénesis es el proceso de formación y desarrollo del hueso a partir de unas células óseas llamadas osteoblastos. El desarrollo de dichas células está influenciado por una serie de factores que estimulan su formación como son la hormona paratiroidea y la vitamina D.

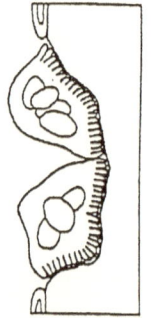 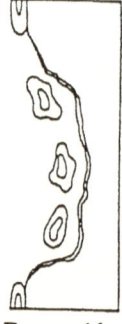 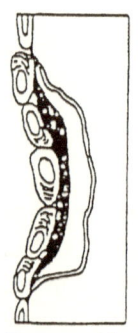 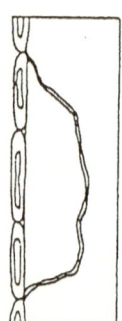

Reabsorción   Reversión   Formación   Reposo

Los huesos en conjunto forman el esqueleto óseo que consta de 206 huesos; seis de los cuales se encuentran en los oídos, tres en cada uno.

Los huesos están distribuidos de la siguiente manera:

*Cabeza 28 huesos
*Tronco 52 huesos
*Extremidades superiores 64 huesos
*Extremidades inferiores 62 huesos

En algunos individuos existen huesos supernumerarios, no siempre constantes en su localización que se llaman sesamoideos y que se encuentran entre los tendones de los músculos en los lugares de gran fricción.
El hueso no es una sustancia inerte, a pesar de estar constituido en su apariencia exterior por sales minerales de especial dureza.

La estructura íntima del hueso recuerda la de un fino panal cuya periferia por fuera es compacta.

- El periostio envuelve al hueso en toda su periferia.
- El endostio es la parte interna del hueso.

Los huesos por su forma y tamaño se han dividido en:

- Huesos largos son aquellos cuyo eje longitudinal es sensiblemente mayor que los ejes transversales (ejemplos: el fémur, la tibia y el peroné) en estos huesos se reconocen tres regiones principales: un extremo superior o epífisis superior, una parte media o diáfisis y un extremo inferior o epífisis inferior.

- Huesos cortos son aquellos cuyos ejes longitudinales y transversales son sensiblemente semejantes (ejemplos: las vértebras, los huesos de la manos y los pies), están constituidos por hueso compacto en la periferia y hueso esponjoso en el centro.

- Huesos planos son aquellos en los que su eje transversal es mayor que su eje longitudinal, semejando una tabla (ejemplo: los huesos del cráneo) están constituidos por dos tablas compactas, una interna y otra externa, y hueso esponjoso en la parte media, llamado diploe.

FACTORES QUE INTERVIENEN EN LA FUNCIÓN, CRECIMIENTO Y MADURACIÓN DE LOS HUESOS:

Factores hormonales:

- La PTH (hormona paratiroidea) favorece la reabsorción ósea normal. Se diferencian dos procesos:
    - o Reabsorción ósea: de este proceso se encargan los osteoclastos, que son células multinucleadas que degradan y reabsorben los huesos. Este procedimiento lleva a la destrucción de los distintos componentes del tejido óseo normal.
    - o Formación ósea: en este caso son los osteoblastos los responsables de este proceso. Estas células sintetizan la matriz ósea por lo que está involucradas en el desarrollo y crecimiento de los huesos siendo además los encargados del mantenimiento y reparación del mismo.

        El equilibrio entre los procesos anteriormente nombrados mantienen un hueso de buena calidad.

        La hormona tiroidea es indispensable tanto para el crecimiento como para la maduración del esqueleto.
- Factores genéticos: como por ejemplo las condrodisplasias genotípicas. La información genética afecta en forma directa e indirecta al esqueleto. Directamente, determina el número, la forma y la estructura de cada uno de los huesos así como su masa, modelado y remodelado, la tasa de formación y resorción ósea. Indirectamente, establece la edad de la menarca, el número de folículos funcionantes, la concentración ovárica y sanguínea de estrógenos, la edad de la menopausia, etc.
- Factores mecánicos: en las personas que tienen que permanecer en una inmovilización prolongada se favorece la disminución del tejido óseo.

- Factores vasculares: puede producirse una osteonecrosis a consecuencia de la disminución de flujo sanguíneo en los huesos de las articulaciones. La falta de sangre deteriora y destruye el hueso.
- Factores metabólicos: relacionados con el calcio/fósforo, la vitamina D y el sol.

DEFINICIÓN DE OSTEOPOROSIS

Osteoporosis se define como una reducción del volumen del tejido óseo, refiriéndose a una reducción global de la masa y de la densidad ósea, en relación con el volumen de hueso normal. A consecuencia de esto el hueso pierde resistencia mecánica haciéndose más susceptible a sufrir fracturas.

Es el tipo más común de enfermedad ósea. Se suele dar con más frecuencia en mujeres y personas mayores (mujeres mayores de 75 años) siendo la principal causa de fracturas óseas en mujeres después de la menopausia y en ancianos en general.

La osteoporosis no tiene un comienzo bien definido y, hasta hace poco, el primer signo visible de la enfermedad era una fractura de cadera, muñeca o de los cuerpos vertebrales que originaban dolor o deformidad.

La densidad mineral de los huesos se establece mediante la densitometría ósea y la OMS define osteoporosis en mujeres con una densidad mineral ósea de 2,5 de desviación estándar por debajo de la masa ósea (para el promedio de mujeres sanas de 20 años).

Hueso normal **Osteoporosis**

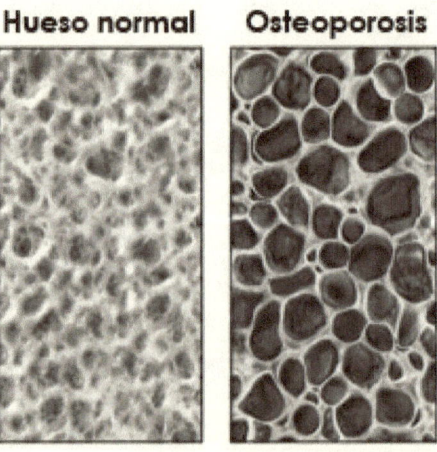

La masa ósea que posee una persona en un momento concreto depende de la que llegó a tener al completar su desarrollo y de las pérdidas sufridas posteriormente. Ambos hechos están determinados por los factores comentados. Se considera que en la producción del valor máximo de masa ósea los factores implicados más importantes son los genéticos. En cambio, en la velocidad de pérdida de masa ósea los factores genéticos parecen tener menor importancia que los adquiridos.

Riggs y Melton han propuesto la siguiente fórmula para resumir los factores responsables de la masa ósea de un individuo en un momento de su vida:

$$Q = I - (\text{envejecimiento} + \text{menopausia} + \text{factores esporádicos})$$

Donde Q = masa ósea actual e I = valor máximo de masa ósea. La fórmula subraya la importancia del envejecimiento y de la menopausia frente a los demás factores, que los autores califican de "esporádicos" u ocasionales. Además, proporciona una idea clara de que la osteoporosis es el resultado de la actuación conjunta de diversos factores.

ETIOLOGÍA

La etiología de esta enfermedad puede ser:

- Idiopática: la osteoporosis idiopática se observa en varones jóvenes y en mujeres premenopáusicas en el que no se descubre ningún factor etológico.

  El comienzo de la enfermedad en algunas mujeres se relaciona aparentemente, en el embarazo y quizá obedezca a un fracaso transitorio de los mecanismos homeostáticos, como la falta de aumento de los niveles circulantes que protege al esqueleto materno del estrés del parto.

  La osteoporosis juvenil es un trastorno raro que se inicia generalmente entre los 8 y los 14 años y se manifiesta por la aparición brusca de dolor óseo y fracturas después de traumatismos mínimos.

  El trastorno generalmente es autolimitado y la recuperación ocurre de forma espontánea en un plazo de 4 a 5 años.

- Primaria: la osteoporosis primaria, hace referencia a aquella que se produce asociada al proceso normal de envejecimiento. En el caso de las mujeres, es más importante y se inicia antes en concomitancia con la menopausia.

- Secundaria: causada por alteraciones endocrinas, inmovilización, neoplasias o medicación.

  Las causas más frecuentes de osteoporosis secundaria varían según el grupo demográfico. Entre los hombres del 30 al 60% de los casos de osteoporosis están asociadas al hipogonadismo, uso de glucocorticoides y el alcoholismo. Sin embargo en la mujer perimenopáusica más del 50% de los casos están asociados a consecuencias secundarias entre las cuales las más comunes son la hipoestrogenemia, consumo de glucocorticoides y elevación de hormonas tiroideas. En la mujer postmenopáusica la prevalencia de condiciones secundarias puede ser más baja que en los grupos previos pero la proporción no está bien definida. Se estima que aproximadamente un 30% de mujeres en la postmenopausia pueden cursas con osteoporosis secundaria.

Un estudio realizado en mujeres postmenopáusicas con osteoporosis determinadas por densitometría, pero sin factores de riesgo médicos para baja densidad mineral ósea, demostró que en un tercio de estas se pueden demostrar causas secundarias de osteoporosis.

FACTORES DE RIESGO

Existe una amplia lista de factores de riesgo para la osteoporosis. A continuación especificamos los más importantes:

- Menopausia: forma la condición de riesgo más importante para esta enfermedad. En el mundo occidental se mantiene la edad media de presentación de la menopausia en los 49 años mientras que la esperanza de vida ha aumentado hasta pasar los 80 años. Esto condiciona que la mujer pase más de la tercera parte de su vida en menopausia. Circunstancia que justifica que la prevalencia de osteoporosis haya aumentado de forma notable en los últimos años. La deprivación estrogénica supone una falta de freno a la acción de los osteoclastos, lo cual supone una pérdida acelerada de hueso. Esto junto con el hecho de que el pico de masa ósea sea más precoz y de menor cuantía que el varón, justifica en gran medida, que la osteoporosis sea mucho más frecuente que en el sexo femenino.

- Edad: en la mujer la edad está intensamente relacionada con la menopausia y por lo tanto con el riesgo de osteoporosis. En el varón en edades superiores a los 75 años el riesgo tiende a igualarse la proporción mujer/ hombre con osteoporosis.

- Sedentarismo: El ejercicio físico es un extraordinario estimulante para propiciar el aumento, el reposo en cambio facilita la reducción de la masa ósea.

- Sexo: los hombres tienen más masa ósea y menos cambios hormonales por lo que la padecen menos.

- Inmovilidad: una inmovilidad prolongada supone una pérdida de masa ósea aumentando por lo tanto el riesgo de osteoporosis.

- Medicamentos: ciertos fármacos como las isoniacidas, heparina, antiácidos con aluminio, furosemida o corticoides.

- Genética: aunque la osteoporosis es más frecuente en hijas de madres osteoporóticas, no se ha podido establecer un patrón de transmisión genética específico de la enfermedad. La influencia de la carga genética parece evidente en lo referente al pico de masa ósea alcanzado en las primeras décadas de la vida. Por el contrario, este factor parece menos importante en la pérdida de masa ósea a lo largo de la vida, donde los factores adquiridos tienen mucha más importancia y esto es más marcado cuanto más edad tiene el paciente. De ahí la importancia de controlar los hábitos de vida en la prevención de la enfermedad osteoporótica.

- Masa corporal: se ha demostrado que un IMC (índice de masa corporal) alto se correlaciona con una densidad mineral ósea alta y que la disminución de masa corporal conlleva, en adultos de uno y otro sexo y de diferentes edades, una pérdida de hueso en diferentes regiones del cuerpo.

- Ingesta de calcio y Vitamina D:

    o Calcio: para conseguir el pico de masa ósea, y para prevenir su pérdida con la edad, el calcio es el nutriente más importante. La ingesta de alimentos ricos en calcio y/o la suplementación de calcio es fundamental para el mantenimiento de un balance cálcico positivo y en consecuencia para la integridad esquelética y está recomendado para la prevención de osteoporosis y sus fracturas por todas las agencias y sociedades científicas.

    o Vitamina D: en más de un 90%, la vitamina D se aporta al organismo por la exposición al sol y el otro 10% a partir de la dieta. En conjunto la magnitud de la prevalencia de la insuficiencia de vitamina D y su repercusión sobre la salud ósea, constituye un problema importante de salud pública. Su impacto sobre marcadores de remodelado, densidad mineral ósea, fracturas y sus potenciales acciones sobre la salud en general son revisadas en general. Existen diversos ensayos clínicos aleatorizados que demuestran los beneficios de la vitamina D sobre la osteoporosis, por ello, todas las guías y consensos terapéuticos para el tratamiento de la osteoporosis indican el tratamiento con calcio y vitamina D, por lo que la mayoría de los suplementos farmacológicos de calcio van asociados con vitamina D.

- Tabaco: diversos estudios epidemiológicos han objetivado una relación entre el consumo de cigarrillos y una menor DMO (densidad de masa ósea), una mayor incidencia de fractura vertebral y de cadera además de ser más recurrentes y precisar más tiempo para su curación. Se habla de un efecto tóxico directo del tabaco, disminuyendo la actividad osteoblástica del hueso. También se sabe que el tabaco disminuye la absorción intestinal del calcio. Refiriéndonos también al tabaco relacionado con el estilo de vida cabe destacar que las mujeres que fuman normalmente son más delgadas, llevan una vida más sedentaria y bebe más alcohol.

- Alcohol: El consumo crónico de alcohol deprime la actividad osteoblástica y se asocia con alteraciones del metabolismo mineral óseo del calcio, fósforo y magnesio. Altera también el metabolismo de la vitamina D y provoca alteraciones tanto endocrinas como nutricionales.

- Cafeína: un consumo elevado de cafeína junto con una disminución del consumo de calcio supone un mayor riesgo de desarrollar esta enfermedad.

Cabe destacar que los estilos de vida, (dentro de los cuales incluimos el alcohol, el tabaco, la dieta, el sedentarismo) tienen una característica muy importante que es la posibilidad de modificar los mismos.

La siguiente imagen indica algunas de las causas de osteoporosis y el porcentaje de personas según dichas causas.

ESTILOS DE VIDA

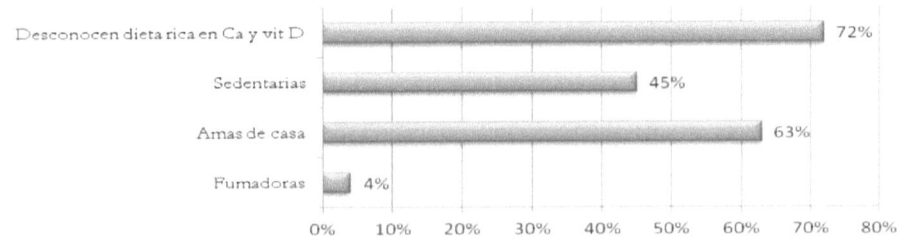

Desconocen dieta rica en Ca y vit D	72%
Sedentarias	45%
Amas de casa	63%
Fumadoras	4%

EPIDEMIOLOGÍA

La osteoporosis es la enfermedad metabólica ósea más frecuente, sin embargo, su prevalencia real es difícil de establecer ya que es una enfermedad asintomática hasta la aparición de complicaciones, lo que hace difícil la identificación de las personas que padecen la enfermedad.

La OMS establece que la prevalencia se estima en un 30% de las mujeres caucásicas y en un 8% de los hombres caucásicos mayores de 50 años, y asciende hasta un 50% en mujeres mayores de 70 años.

En España, aproximadamente 2 millones de mujeres y 500.000 varones sufren osteoporosis en la columna lumbar o en el cuello del fémur; es decir, casi un 13% de la población femenina y un poco más del 4% de la masculina. Además, de las personas que llegan a los 90 años, casi un 32% de las mujeres y un 17% de los varones sufren una fractura de cadera. La osteoporosis afecta principalmente a personas mayores de 50 años; por tanto, el progresivo envejecimiento de la población española nos anuncia un aumento sustancial de esta enfermedad en las próximas décadas.

La prevalencia de fracturas por compresión vertebral es del 20% en las mujeres postmenopáusicas. La incidencia de las fracturas de cadera aumenta exponencialmente después de los 50 años en las mujeres y después de los 60 en los hombres. A un tercio de todas las mujeres de más de 80 años se les fracturará la cadera. Para una mujer el riesgo de fractura de cadera durante su vida es del 15%. La mortalidad por fractura de cadera es alta, varía entre 15% y 37% en el año que sigue a la fractura.

La fractura de un hueso depende del tipo de traumatismo y de la cantidad y calidad de ese hueso. En las personas ancianas las fracturas de cadera ocurren después de una caída. Los ancianos se caen fácilmente (1/3 de los mayores de 65 años se cae cada año; 15% sufre algún daño grave en que la mitad son fracturas). Los inducen a caerse el uso de sedantes, diuréticos, alcohol, alfombras que se deslizan, zapatos de taco alto, baños y tinas sin protecciones adecuadas. A veces estos factores son más fáciles de tratar que revertir el déficit óseo. Durante una caída se produce una contractura muscular que favorece que la fuerza del impacto se reparta sobre una superficie mayor, sin embargo en los ancianos la fuerza muscular y la velocidad de reacción están disminuida, lo que dificulta poner en marcha este mecanismo de protección al hueso.

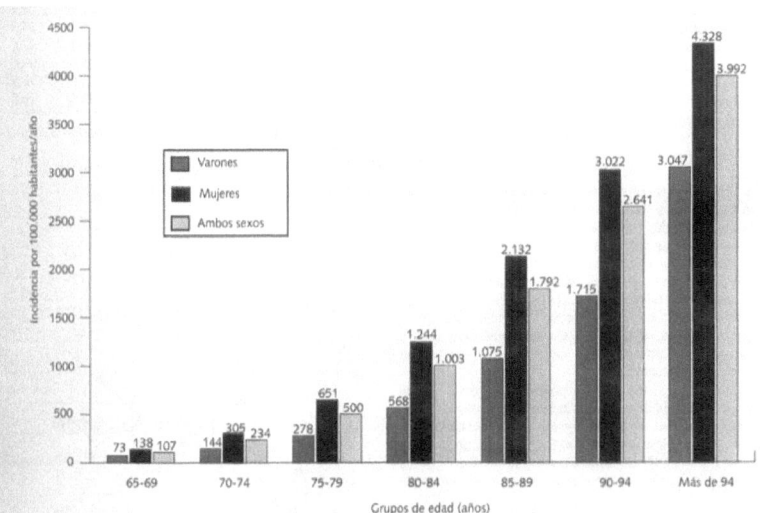

Fig. 1. Incidencia de fractura de cadera en España por edades.

SINTOMATOLOGÍA

- En los primeros estadios es difícil de detectar. Incluso puede pasar inadvertida hasta que se produce una fractura vertebral, de la muñeca o de la cadera. El síntoma más frecuente es el dolor de espalda debido a microfracturas en las vertebras de la columna.

A medida que el hueso se hace más osteoporótico se producen fracturas durante las actividades de la vida cotidiana.

La fractura de muñeca, denominada fractura de colles, puede aparecer como resultado de la caída sobre el brazo. Las caídas son la causa más frecuente de la fractura de cadera, que es la más grave ya que sus complicaciones pueden acabar con la vida de algunos pacientes.

-También se pueden producir deformidades: cifosis dorsal y a veces hiperlordosis compensatoria (La lordosis es la curvatura fisiológica de la columna en la región cervical o lumbar). Esta hace que la talla disminuya y así parece que los brazos tienen una longitud desproporcionada en relación al tronco.

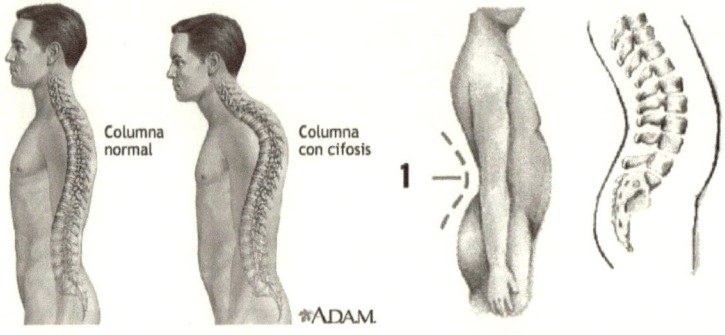

Columna normal   Columna con cifosis

✱ADAM.

- Dolor: el dolor es vivo y agudo, se agrava levantando peso o estando mucho tiempo de pie. Normalmente el dolor fuerte aparece cuando se produce la fractura.

- Manifestaciones cutáneas. Atrofia de tejido adiposo. Piel transparente, laxa, inelástica y de superficie lisa.

DIAGNÓSTICO

La aproximación al paciente con osteoporosis es mediante la evaluación de los factores de riesgo y la medición de densidad ósea. La osteoporosis primaria es la más frecuente, pero es importante descartar otras patologías y condiciones médicas asociadas con osteoporosis, éstas incluyen patologías endocrinas, hematológicas, reumatológicas, gastrointestinales, entre otras. El diagnóstico es principalmente densitométrico, pero puede establecerse al ocurrir fracturas en sitio típico con un trauma mínimo.

Densitometría ósea:

La medición de densidad ósea puede ser usada para establecer o confirmar el diagnóstico de osteoporosis y predecir el riesgo futuro de fracturas. A menor densidad mineral ósea mayor riesgo de fractura.

La medición de densidad mineral ósea puede ser efectuada en cualquier sitio, pero el cuello del fémur es el sitio que predice mejor el riesgo de fractura de cadera y el de otros sitios esqueléticos. De tal manera, las recomendaciones están basadas en la densidad del cuello del fémur.

La densidad mineral ósea predice el riesgo de fracturas pero no las personas que tendrán una fractura.

Las indicaciones de densitometría ósea son:

- mujeres sobre 65 años
- mujeres postmenopáusicas con uno o más factores de riesgo
- mujeres postmenopáusicas que hallan presentado alguna fractura.

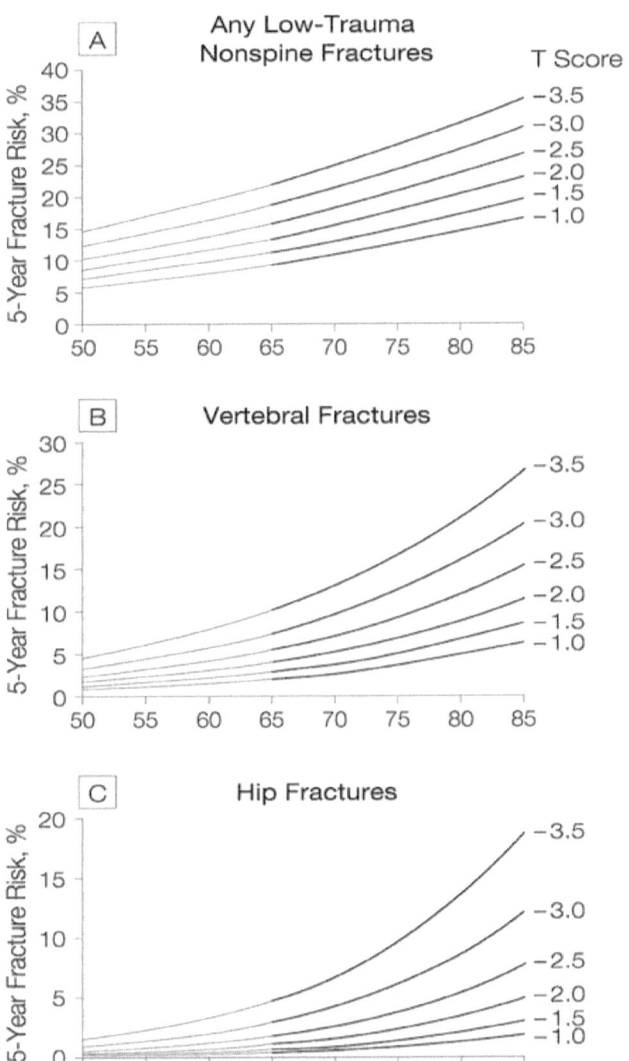

TRATAMIENTO FARMACOLÓGICO

1- TERAPIA HORMONAL SUSTITUTIVA (THS).

- Efectos sobre la masa ósea y riesgo de fracturas:

Los estrógenos, a nivel del esqueleto, actúan aumentando la absorción intestinal de calcio, disminuyendo la calciuria, originando un balance de calcio positivo; y, disminuyendo el recambio óseo frenando la acelerada actividad osteoclástica.

La Terapéutica Hormonal Sustitutiva instaurada en el período posmenopáusico precoz constituye un medio eficaz para la prevención de la osteoporosis, teniendo un efecto beneficioso en la disminución de la incidencia posterior de fracturas.

Numerosos estudios han demostrado la existencia de una relación causa - efecto entre la pérdida de la función ovárica y la aparición de una aceleración en la pérdida de masa ósea estudios controlados han puesto de manifiesto que el aporte de estrógenos enlentece o elimina la pérdida de masa ósea (aparentemente a todos los niveles del esqueleto) siendo el efecto terapéutico máximo en aquellas pacientes que inician el tratamiento de forma precoz en el período posmenopaúsico.

- Contraindicaciones, exámenes periódicos:

Antes de iniciar el tratamiento con estrógenos se deberá descartar la existencia de posibles contraindicaciones. Además, se debe realizar un examen ginecológico completo, incluyendo mamografía. Anualmente, y durante el THS, se practicará mamografía y exploración ginecológica. Son contraindicaciones absolutas para la instauración de la TSH:

- Antecedentes de carcinoma mamario.
- Antecedentes de carcinoma endometrial.
- Hipertensión grave.
- Hepatopatía crónica grave.
- Enfermedad tromboembólica recidivante.
- Insuficiencia renal.
- Incumplimiento, por parte de aquellas mujeres que se considere que no son capaces de seguir el tratamiento o los controles ginecológicos adecuados.

2- CALCITONINA.

Produce una inhibición de la reabsorción ósea mediante una acción directa sobre los osteoclastos, que presentan receptores para esta, provocando (tras tratamientos prolongados) una disminución en el número y actividad de los osteoclastos.

El amplio espectro de efectos estrogénicos, y la existencia de mujeres que no desean o no pueden ser tratadas con THS, condicionaron la necesidad de poder contar con alternativas específicas para proteger a las mujeres con un mayor riesgo de osteoporosis

3- DIFOSFONATOS:

Poseen una elevada afinidad por los cristales de hidroxiapatita, inhibiendo la actividad de los osteoclastos y reduciendo la reabsorción ósea. Existen algunas evidencias de que su uso se asocia a un aumento de la masa ósea junto a una disminución del riesgo de padecer fracturas vertebrales

4- CALCIO:

Como ya se ha comentado, los suplementos de calcio se utilizan en la prevención de las deficiencias de calcio en pacientes en los que la dieta es inadecuada e insuficiente; a excepción, de aquellos casos en los que se utilizan los suplementos de calcio junto a otros agentes antireabsortivos: estrógenos, calcitonina o difosfonatos.

Las dosis se expresan en forma de mg de calcio elemental por vía oral. En el mercado español, son pocas las especialidades farmacéuticas disponibles que presentan una formulación adecuada para ajustarse a la posología recomendada (500-1.500 mg).

TRATAMIENTO NO FARMACOLÓGICO.

1- NUTRICIÓN: CALCIO.

El calcio presente en la dieta parece de extraordinaria importancia en cuanto a los niveles de masa ósea desarrollada, desde el período del crecimiento hasta la tercera década de la vida. De manera que parece que el pico de masa ósea desarrollado por el sujeto viene determinado (en gran medida) por la ingesta de calcio durante la adolescencia.

Se recomienda una ingesta diaria de 800 mg de calcio durante la edad de 1 a 10 años, 1.200 mg desde los 11 a los 18 años, y de 800 a 1.000 mg en la edad adulta. Durante el embarazo y la lactancia debería incrementarse a 1.200-1.500 mg/día.

De forma especial, tras la menopausia, debe garantizarse un aporte dietético (alimentario o mediante suplementos cuando el primero sea insuficiente) de 1.200 mg/día. Dada la importancia de una ingesta adecuada de calcio, su uso debe contemplarse en todas las estrategias de prevención y tratamiento de la osteoporosis.

Los estudios epidemiológicos sobre los suplementos de calcio, como tratamiento único durante el período perimenopáusico, sobre el índice de fracturas muestran resultados contradictorios; ya que, al parecer, existen pocas evidencias de que su uso afecte al pico de masa ósea una vez detenido el crecimiento esquelético.

Otros estudios han mostrado que los suplementos de calcio disminuyen el índice de pérdida del hueso cortical en pacientes ancianos. Además, en un metaanálisis realizado a partir de trabajos que estudiaban los efectos de la ingesta de calcio sobre el esqueleto, se concluye que el aporte de calcio juega un papel de importancia en relación con las variaciones en los niveles de masa ósea encontradas en las poblaciones objeto de estudio.

La nutrición debe ser adecuada y equilibrada, evitando dietas hiperproteícas (aquellas que contengan más de 1,5 g de proteína por kg de peso corporal), que debido a su alto contenido en fosfatos, y por diversos mecanismos, disminuyen la masa ósea. Por las mismas razones, se deberán evitar las dietas vegetarianas, con alto contenido en fitatos y oxalatos y los excesos de sal.

2- EJERCICIO FISICO:

El ejercicio físico practicado de forma regular a todas las edades, y especialmente durante la adolescencia, es uno de los pocos factores capaces de estimular los osteoblastos y con ello de aumentar la masa ósea. De manera que se ha observado que su práctica regular incrementa el pico de masa ósea en los jóvenes, mediante el aumento de la masa ósea trabecular y cortical.

Los efectos beneficios del ejercicio sobre la masa ósea se pierden rápidamente si la frecuencia e intensidad de los ejercicios se reduce, reiniciando un estilo de vida sedentario. La inmovilización conlleva, de forma directa, una reducción en la densidad ósea; así, parece que la reducción en la actividad física es la razón principal que condiciona que los índices de fractura de cadera aumenten hasta el doble en los mayores de 30 años.

Cualquier tipo de actividad física es buena, siempre que sea moderada y no conlleve la aparición de "baches" amenorreicos, recomendándose como base, caminar al menos una hora al día.

Distintos estudios realizados sobre mujeres posmenopáusicas recientes y ancianas, han comprobado que los programas de ejercicio regular aumentaban la densidad ósea de los pacientes. De forma adicional se ha comprobado que la práctica de ejercicio de forma regular disminuye hasta en un 50% el riesgo de sufrir fracturas de cadera.

Como ventaja adicional de la práctica regular de ejercicio, sobre todo en la población de mayor edad, es la consiguiente mejoría que su práctica ejerce sobre la fuerza muscular, la estabilidad y el equilibrio lo que puede reducir la frecuencia de las caídas y el riesgo de fracturas asociadas a estas.

3- SUPRESIÓN DE HÁBITOS NOCIVOS:

Resulta de extrema importancia insistir en la necesidad de abandonar ciertos hábitos tóxicos, como el tabaco y alcohol, que son capaces por si solos de reducir la masa ósea.

Los alcohólicos presentan una baja densidad ósea y un riesgo considerable de sufrir fracturas de cadera (de 4 a 8 veces mayor que el de los controles).

Aunque estudios transversales realizados en mujeres posmenopáusicas no han encontrado evidencias de que el consumo moderado de alcohol suponga un efecto nocivo sobre la masa ósea, sí se asocia a un aumento del riesgo de sufrir fractura de cadera ya que aunque no afecte a la masa ósea puede predisponer a sufrir caídas.

ACTUACIÓN DE ENFERMERÍA AL PACIENTE CON OSTEOPOROSIS.

Principalmente la actuación de enfermería en estos pacientes se va a basar en educción para la salud tanto para la prevención de la osteoporosis como para intentar mejorar la misma.

Revisión de un paciente osteoporótico por parte de enfermería: se valora la situación en el momento de la consulta, las actividades diarias que realiza, la alimentación, peso, talla, cumplimiento y tolerancia terapéutica. Se revisan los resultados de las analíticas de sangre y orina. Si hubiera alguna alteración analítica, el paciente es remitido al reumatólogo, en caso contrario se continúa con el mismo tratamiento durante los 6-12 meses posteriores.

En esta consulta, se incluye un trabajo muy amplio acerca de la educación sanitaria dirigido a la prevención de fracturas, que consta de 3 apartados: ejercicio físico; recomendaciones posturales, y evitar caídas.

A. El ejercicio regular puede reducir la probabilidad de fracturas óseas asociadas a la OP. Los estudios demuestran que los ejercicios que requieren de los músculos para la tracción de los huesos, hacen que éstos retengan y, posiblemente, ganen densidad mineral ósea.

Los investigadores encontraron que las mujeres que caminan 1,6 km diarios tienen entre 4 y 7 años más de reserva ósea que las que no lo hacen.

Algunos ejercicios recomendados son:

– De soporte, como caminar o bailar.
– De resistencia, como pesas libres, máquinas de pesas, y bandas de caucho para realizar estiramientos y favorecer la elasticidad. Montar en bicicleta estática y utilizar máquinas de remos.
– De equilíbrio, como tai-chi, yoga o pilates.

B. En cuanto a las recomendaciones posturales, insistimos en:

– Evitar movimientos bruscos o de impacto como correr, saltar y los que hacen encorvar la espalda.

- Utilizar una cama dura para dormir, de manera que la espalda se arquee lo menos posible.

- Evitar los pesos, sobre todo si giramos o flexionamos la espalda, y si resultase inevitable se deberá repartir o aproximar la carga al cuerpo, manteniendo la columna bien erguida y el abdomen contraído, para proteger la zona dorsolumbar.

- No realizar esfuerzos y mantener una actividad moderada, continua y dosificada, sin correr riesgos

C. Evitar caídas. En las publicaciones en las que se trata el tema de los factores de riesgo de fractura osteoporótica, se ha considerado que la presencia de una masa ósea baja y predisposición a caídas asociada a 4 o más factores de riesgo, identifica al paciente con alto riesgo de fractura. Es crucial prevenir las caídas, teniendo en cuenta las características de cada paciente y los factores ambientales que le rodean, como corregir los defectos visuales, evitar los abusos de benzodiacepinas y antidepresivos, suprimir obstáculos y superficies resbaladizas. Otras recomendaciones pueden ser usar calzado que tenga suela antideslizante y sujete bien el pie, no subir escaleras sin apoyo, evitar las alfombras, colocar barras de sujeción en el baño y conseguir una iluminación adecuada. Son medidas sencillas que reducen el número de caídas.

En los ancianos que tienen caídas frecuentes podemos utilizar protectores de cadera, que pueden reducir hasta un 50% las fracturas de cadera.

La enfermera ayudará al paciente al abandono de hábitos nocivos tales como el tabaco y el consumo excesivo de alcohol. Le explicaremos los efectos negativos de dichos hábitos para la enfermedad y le ofreceremos nuestra ayuda así como todos los medios que necesiten.

En las personas con tratamiento farmacológico es muy recomendable ofrecer información del medicamento como manipulación, administración, posibles efectos adversos y posibilitarle las prácticas que el paciente necesite en el aprendizaje del uso.

La educación sanitaria es un campo muy importante en el trabajo que desarrollamos los profesionales de enfermería. En la OP, al igual que en otras enfermedades crónicas, nuestro protagonismo es mayor dada la importancia de la adherencia terapéutica y de las recomendaciones no farmacológicas (cambio en los estilos de vida)

BIOGRAFÍA

- http://salud.dis.discapnet.es/Castellano/Salud/Enfermedades/Enferme dadesDiscapacitantes/O/Osteoporosis/Pginas/Descripción.aspx#a3

- Allen, SH. **osteoporosis** primaria: ¿Cómo combatir la pérdida ósea ocasionada por el envejecimiento? JANO. 1995 mar. XLVIII(1116):46-50. Revisión, artículo

- http://es.wikipedia.org/wiki/Osteoporosis

- Huertas García-Alejo, Rafael y Huertas Domínguez, R Título: Osteoporosis secundaria, revista: enfermeria científica. 11 de agosto de 2006

- http://www.excesodepeso.com.ar/relacion-indice-de-masa-corpora-bajo-y-osteoporosis/

- Composición corporal como factor de predicción indispensable en osteoporosis. Artículo de revisión. María de los ángeles Aguilera Barreiro 2009.

- Nutrición y osteoporosis. Calcio y vitamina D. Rev Osteoposis metabolismo Mineral 2010. Quesada Gómez JM, Sosa Henríquez M

- http://www.fecyt.es/especialidades/osteoporosis/factores.htm#k

- http://anatomiadeloshuesos.galeon.com/enlaces1713942.html

- http://escuela.med.puc.cl/publ/reumatologia/apuntes/16Enfermedade sOseas.html

- http://escuela.med.puc.cl/pub1/TemasMedicinaInterna/pdf/Osteopor osis.pdf

- http://www.easp.es/web/documentos/MBTA/00000918documento.p df

- Amelia Carbonell Jordá, Mauricio Mínguez Vega, Pilar Bernabeu Gonzálvez, Gaspar Panadero Tendero. Intervención de enfermería en el paciente con osteoporosis. Semin Fund Esp Reumatol Cursos. 2009;2(1):27-29. URL disponible: